Andreas Gminder

Pilze

sammeln und genießen

KOSMOS

Inhalt

PILZE SAMMELN

SAMMELTIPP

So wird das Pilzessen zum Genuss: Lieber weniger, aber dafür eine ausgesuchte Qualität sammeln.

„Ich finde nie etwas!" So geht es dem Neuling oft, obwohl doch langjährige Pilzsammler immer mit Beute heimkommen. Die alten Hasen kennen „ihre" Plätze. Richtig vorbereitet stellen sich aber auch bei Anfängern Erfolgserlebnisse ein. Das „Gewusst-Wo" ist der Schlüssel zum Erfolg. Viele Pilzarten leben nur mit bestimmten Bäumen zusammen oder bevorzugen ganz spezielle Lebensräume. So versprechen Birken Rotkappen und Birkenpilze. Kaum eine Lärche kommt ohne Gold-Röhrlinge aus. Wer Wiesen-Egerlinge sucht, geht auf wenig genutzte Pferdeweiden. Morcheln finden sich unter Eschen an Bächen auf Kalkböden.

Schaf-Egerlinge auf einer wenig gedüngten Wiese. Die violette Herbstzeitlose zeigt, dass der Boden dennoch nährstoffreich ist.

SCHON GEWUSST?

Ob der Untergrund sauer oder kalkig ist, können Sie an bestimmten Pflanzen erkennen. Gibt es Heidelbeeren? Dann ist der Boden mit Sicherheit sauer.

In **Fichtenwäldern** auf saurem Boden sind die meisten gut bekannten Speisepilze zu Hause.
Ist der Boden zudem nur mit wenigen Farn und Blütenpflanzen bewachsen? Gibt es eine reichliche Bedeckung mit Moosen? Dann stehen Sie wahrscheinlich schon in einem guten Pilzwald. **Moospolster** sorgen für ein günstiges Klima, weil sie die Feuchtigkeit länger im Boden halten. Hier können Sie ab Juli, nach ergiebigem Regen, Steinpilze, Pfifferlinge und Maronen suchen.
Auch **Laubwälder** haben ihren Reiz. Vor allem die Buchenwälder locken mit Steinpilzen, Parasolen und Frauen-Täublingen. Besonders die **Kalk-Buchenwälder** brauchen aber sehr **viel Niederschlag**, damit Pilze dort wachsen können. Sie sind daher für den Kenner *der* Geheimtipp in einem verregneten Sommer.

Die stattlichen Parasole kann man oft schon aus vielen Metern Entfernung sehen, manchmal sogar vom Auto aus.

Pilze gibt's im **Herbst**, das weiß jeder. Und wenn Sie doch schon im **Sommer** unterwegs sind, hören Sie gewiss von jedem zweiten Spaziergänger den Standardsatz: „Ja gibt's denn schon welche?" Dabei findet der geübte Pilzjäger das ganze Jahr über frische Speisepilze.

Beim **Winter**spaziergang am Bachrand bei den Kopfweiden begegnet uns vielleicht der Samtfußrübling. Er ist gar nicht selten und schmeckt! Wer einen Wald mit älteren Buchen kennt, der kann zu Weihnachten den Austern-Seitling finden – am Baum wohlgemerkt, nicht im Supermarkt.

Samtfußrüblingen macht auch Schnee und Eis nichts aus. Sie legen dann nur eine Wachstumspause ein.

Pilze abschneiden oder herausdrehen? Ganz einfach: Wenn man die Art schon kennt, dann kann man den Pilz abschneiden. Das Pilzgeflecht im Boden wird dadurch nicht beeinträchtigt und das unterste Stielende muss sowieso abgeschnitten werden. Kennt man den Pilz aber nicht, dann muss er vollständig geerntet werden. Denn oft befinden sich an der Stielbasis wichtige Merkmale, die sonst unerkannt blieben.

SCHON GEWUSST?

Gerade den tödlichen Knollenblätterpilz (li.) kann man anhand der Volva (Hautsack an der Basis) von Champignons (re.) unterscheiden.

Dazu hebt man den Fruchtkörper vorsichtig aus dem Boden, eventuell mit hebelnder Unterstützung des Pilzmessers das entstandene Loch wieder zudrücken. Herausdrehen bringt übrigens nichts – Pilze haben schließlich kein Gewinde.

Bei Pfifferlingen nur die größeren Pilze sammeln und nicht jedes winzige Exemplar aus dem Moos kratzen. Sonst wird das Myzel der Pilze so geschädigt, dass dort keine mehr wachsen.

Als Steinpilz erkannt, dann abschneiden. Die Schnittfläche zeigt direkt, ob der Pilz von Maden durchlöchert ist.

Die Schmutzreste am Stiel gleich vor Ort entfernen, das spart Arbeit zu Hause.

SAMMELTIPP

Ein Längsschnitt durch den Pilz bereits im Wald verrät, ob der Pilz madig ist. Von außen ist das meist nicht erkennbar. Also lieber gleich nachsehen.

Das Pilzeputzen beginnt bereits im Wald. Bereits an Ort und Stelle die Stielbasis abschneiden, alle groben Verunreinigungen mit einem Pinsel entfernen, sowie – ganz wichtig – bei schleimigen Pilzen die Huthaut abziehen. Tut man das nicht, verkleben die Pilze untereinander und mit dem Restschmutz. Das dann zu Hause zu reinigen macht keinen Spaß. Leichter Madenfraß sowie Knabberstellen von Tieren können Sie ebenfalls ausschneiden. Zu alte und stärker vermadete Pilze lassen Sie gleich im Wald, die will keiner zu Hause essen.

VORSICHT vor GIFTIGEN PILZEN

Während der Knollenblätterpilz (re.) tödliche Vergiftungen verursacht, ist der Fliegenpilz (li.) nicht lebensgefährlich giftig.

So lecker Pilze sein können, so tödlich kann ein Essen ausgehen. Schon die alten Römer bedienten sich der Giftigkeit von Knollenblätterpilz und anderen zur Beseitigung unliebsamer Konkurrenten. Da gerade das Gift dieser Pilze eine lange Zeit benötigt, bis Symptome erscheinen, half damals auch kein Vorkoster.
Wirklich lebensgefährlich ist aber nur rund ein Dutzend der etwa 2000 Lamellenpilze in Deutschland. Ihr Gift wirkt auf unsere wichtigen Organe, vor allem Leber oder Nieren. Dagegen sind die „nur" magen-darm-giftigen Pilze vergleichsweise harmlos. Aber auch diese Vergiftungen können sehr unangenehm sein und müssen grundsätzlich ärztlich behandelt werden.
Vorsicht ist daher immer geboten.

Tödlich giftige Arten

Hände weg von Pilzen, die Sie nicht eindeutig erkennen und bestimmen können. Auf den folgenden zwei Doppelseiten finden Sie die wichtigsten tödlich giftigen und stark giftigen Arten, die Sie auf keinen Fall probieren dürfen.

Verkahlender Krempling

Grünling

Spitzgebuckelter Raukopf

Dottergelber Klumpfuß
(Gleiches gilt für den Grünlings-Klumpfuß)

ift-Häubling

Grüner Knollenblätterpilz (vgl. S. 40)

pitzkegeliger Knollenpilz (vgl. S. 40)

Pantherpilz

leischrosa Schirmling (Gleiches gilt
r alle anderen rosafarbenen Schirmlinge)

Frühjahrs-Lorchel (vgl. S. 55)

Satans-Röhrling (vgl. S. 29)

Bleiweißer Trichterling

Ziegelroter Risspilz

Grünblättriger Schwefelkopf

Bauchweh-Koralle

Kronenbecherling

ger-Ritterling

Riesen-Rötling

rbol-Egerling (vgl. S. 40)

Kartoffelbovist

utblättriger Hautkopf

Spei-Täubling

Welche Faustregeln gibt es?

Keine. Weder die mitgekochte Zwiebel, noch ein schwarz werdender Silberlöffel sind sichere Anzeiger für giftige Pilze. Es ist auch überhaupt kein Hinweis auf Essbarkeit, wenn die Fruchtkörper von Tieren angenagt wurden. Die meisten Tiere haben völlig andere Enzyme zur Verwertung ihrer Nahrung als Menschen. Eichhörnchen fressen z. B. gern Fliegenpilze; Knollenblätterpilze sind oft von Schnecken angenagt. Die einzige sichere Möglichkeit, giftige von essbaren Pilzen zu unterscheiden, ist, ihre jeweiligen Merkmale genau zu kennen. Bei Unsicherheit keine Experimente: Nur eindeutig bestimmte und für gut befundene Pilze dürfen in die Pfanne.

SCHON GEWUSST?

Bei Unsicherheit kann auch der Gang zum geprüften Pilzberater helfen. Eine Liste bietet die Deutsche Gesellschaft für Mykologie auf ihrer Internet-Seite (s. S. 58).

Der Schnecke schmeckt's. Das muss allerdings nicht bedeuten, dass der Pilz für Menschen ungiftig ist.

Der Pantherpilz verursacht in vielen Gegenden Ostdeutschlands die meisten Pilzvergiftungen.

Und wenn trotz aller Vorsicht doch was passiert? Dann hilft nur ein Anruf bei der **Giftnotrufzentrale** (s. S. 58) oder der direkte Weg ins **Krankenhaus**. Kein Erbrechen auslösen oder sonstige Selbstbehandlungen unternehmen. In der Klinik sollte man aber unbedingt darauf drängen, einen **Pilzsachverständigen** hinzuzuziehen. Der kann meist anhand von Putz- oder Speiseresten, notfalls auch am Mageninhalt, die gegessenen Pilze identifizieren. Gefährlich kann es werden, wenn man versucht, die Magenverstimmung „auszusitzen". Sie könnte auch das erste Anzeichen einer Knollenblättervergiftung sein.

SCHON GEWUSST?

Lebensmittelvergiftungen durch verdorbenes Eiweiß gehen aufs Konto von überalterten, verdorbenen Pilzen. Behandeln Sie Pilze daher so sorgsam wie rohes Hackfleisch.

PILZE ZU HAUSE GENIESSEN

Ring und holzigen Stiel des Parasols vor der Zubereitung beseitigen.

Die Röhrenschicht vom Hut entfernen, wenn sie sich leicht trennen lässt.

In der Küche angekommen, muss das Sammelgut nun kochfertig geputzt werden. Im Idealfall hat man ja draußen schon den meisten Schmutz entfernt, sodass die Pilze nur noch einmal kurz endgereinigt werden müssen. Durch den Transport haben sich weiche Druckstellen ergeben, die ausgeschnitten werden müssen. Der eine oder andere Pilz fällt noch wegen Madenfraß weg. Dann können die Pilze nach Belieben in Stücke oder Scheiben geschnitten werden. Wichtig: Pilze saugen sich sofort wie Schwämme voll Wasser. Sie sollten daher möglichst nicht gewaschen werden, besonders wenn sie die Pilze braten wollen.

ZUBEREITUNGSTIPP

Morcheln haben's in sich: Da sich in ihrem hohlen Inneren oft Sand und Insekten tummeln, vor dem Zubereiten stets durchschneiden.

SCHON GEWUSST?

Pilze sind kalorienarm und reich an Vitaminen und Ballaststoffen. Dennoch Pilze auch für Salate nicht ungekocht verwenden, sondern vorher blanchieren.

Die meisten Speisepilze eignen sich zum Dünsten als „Pilzgemüse“. Aber eben nicht alle. Manche Arten schmecken sogar nur ganz speziell zubereitet. Reizker eignen sich zum scharf Anbraten oder wie Wurstsalat zubereitet. Nicht dagegen zum Dünsten, weil sie dabei strohig werden. Auch **Riesenbovist** und **Parasol** wären gedünstet kein Genuss, sind dagegen paniert und gebraten sehr lecker. Ganz wichtig: Alle Pilze sollen grundsätzlich gut erhitzt werden. Das bedeutet mindestens mehrere Minuten bei mehr als 60 Grad. Selbst gute Speisepilze wie **Zucht-Egerling** oder **Steinpilz** werden von vielen Personen roh nicht vertragen. Und nicht wenige sind ungekocht sogar magen-darm-giftig.

Klassisch serviert als Vorspeise oder Hauptgericht. Pilzsuppen schmecken immer und gelingen mit wenig Finderglück. Schon eine Handvoll Pilze ist eine gute Basis.

Grundrezept für eine leckere Pilzsuppe: Zwiebeln in Butter dünsten, Pilze dazugeben, einige Minuten schmoren lassen. Mit Mehl bestäuben und wieder schmoren lassen. Danach mit Gemüsebrühe ablöschen und zur gewünschten Menge auffüllen. Noch 10 Minuten köcheln lassen, abschmecken, fertig. Puristen nehmen statt Gemüsebrühe nur Wasser und würzen mit reichlich Pilzpulver nach. Letzteres eignet sich auch wunderbar zum Abbinden, wenn die Suppe zu flüssig ist. Wer es lieber herzhaft mag, nimmt Speck dazu. Vielleicht noch verfeinert mit Sahne oder Weißwein? Variationen erwünscht!

Irgendwann hat jeder die immer gleiche Mischpilzpfanne satt. Deshalb werden in diesem Büchlein auch Pilze vorgestellt, die anders schmecken und auch anders zubereitet werden sollten. Die Zubereitungshinweise auf jeder Seite geben da erste Tipps. Aber seien Sie ruhig darüber hinaus mutig und probieren Sie aus. Warum nicht mal blanchierte Wildpilze in den Salat, pilzgefüllte Cannelloni, knusprig gebackene Steinpilzchips oder gar ein Dessert mit in Likör eingelegten Pfifferlingen? Klingt verrückt, kann aber auch etwas ganz Exklusives werden.

TIPP: EINGELEGTE PILZE IN OLIVENÖL

Geviertelte Pilze, z. B. Steinpilze, in kochendes Essig-Salz-Wasser geben, aufkochen, abkühlen lassen. Pilze rausnehmen, abtupfen, antrocknen lassen, in sauberes Glas geben. Olivenöl mit geschnittenem Knoblauch erwärmen, bis er hellgelb ist, und sofort heiß über die Pilze gießen, komplett damit bedecken, Glas verschließen. Fertig ist eine leckere Vorspeise!

Mehr Pilze gefunden, als Sie verbrauchen können? Dann können Sie den Rest trocknen oder einfrieren. **Einfrieren** lassen sich alle Pilze, die sich nicht ausschließlich zum Braten eignen. Man kann sie roh, blanchiert oder fertig zubereitet einfrieren. Zum **Trocknen** eignen sich alle nicht zu weichen Pilze. Entweder in Scheiben auf Fäden gezogen in einen warmen, luftigen Raum hängen oder ganz optimal auf einem Gemüsetrockner mit Sieben. Wichtig: Die Pilze dürfen nicht zu heiß werden (Backofentür offen lassen) und müssen zügig und ohne Unterbrechung trocknen. Getrocknete Pilze kann man in Schraubgläsern oder luftdichten Beuteln jahrelang aufbewahren.

ZUBEREITUNGSTIPP

Pilzpulver machen: Wer keine Mühle hat, kann rascheltrockene Pilzstücke in Gefrierbeutel legen und mit dem Wellholz pulverisieren.

Genuss im Glas: Steinpilze in Scheiben schneiden, auf dem Trockenapparat trocknen und anschließend in dichte Gläser füllen.

ESSBARE PILZE im PORTRÄT

Die Größenangabe im Porträtkopf gibt den Durchmesser des Pilzhutes an.

Nach dem ☠ folgen in den Arten-Porträts Hinweise auf giftige Verwechslungsarten. Generell gilt: Bitte nur sammeln und probieren, wenn Sie sich wirklich sicher sind, dass Sie die richtige, essbare Art vor sich haben.

SAMMELTIPP

Doch kein Steinpilz, sondern der zu verwechselnde bittere Gallen-Röhrling? Hier kann eine Geschmacksprobe den bitteren Doppelgänger entlarven.

Fichten-Steinpilz Jun–Nov

Ø 10–25 cm · Poren jung weiß, alt gelbgrün · Fleisch weiß

Lässt Sammlerherzen höher schlagen: Unser bekanntester Röhrling gilt als der beste Speisepilz. Hut braun, Poren weiß bis gelbgrün, Stiel bauchig mit weißem Netz, Fleisch weiß. Ab Juli im sauren Nadel- und Laubwald, unter Fichten, Buchen oder Birken. Verwechslung mit dem Gallen-Röhrling, andere giftige Röhrlinge blauen im Fleisch.

ZUBEREITUNG: Der markante Geschmack eignet sich für Soßen und zum Braten, allein in Butter geschmort, zu Pasta und als Suppe, getrocknet oder frisch.

Flockenstieliger Hexen-Röhrling Jun–Okt

Ø 10–25 cm · Poren rot · Fleisch stark blauend · Stiel gepustelt

Sieht fies aus, schmeckt aber sehr fein und wird von der Konkurrenz meist gemieden. Hut dunkelbraun, Stiel mit roten Pusteln (kein Netz), Fleisch gelblich, stark blauend. Ab Juni im sauren Nadel- und Laubwald. ☠ Der seltene giftige Satans-Röhrling (S. 16) hat ein feines Stielnetz, eine weißgraue Hutfarbe und wächst nur auf Kalkböden.

ZUBEREITUNG: Eignet sich zum Schmoren und Braten in Mischgerichten. Das blau verfärbte Fleisch wird beim Kochen wieder appetitlich gelb. Kann getrocknet werden.

Maronen-Röhrling Jul–Nov

Ø 5–15 cm · Hut braun · Poren auf Druck blauend · Stiel glatt

Der vermutlich meistgesammelte Speisepilz in Deutschland. Unverwechselbar aufgrund des glatten Stiels und der gelblichen, auf Druck blauenden Poren. Ab Juli in sauren Fichtenwäldern, oft zusammen mit Steinpilz und Pfifferling. ☠ Alle bitteren oder giftigen Doppelgänger unterscheiden sich durch ein Netz auf dem Stiel.

ZUBEREITUNG: Ein Pilz, mit dem man alles machen kann. Eignet sich zum Braten und Dünsten, aber auch für Pilzsuppe. Kann getrocknet oder eingefroren werden.

Ziegenlippe Jun–Okt

Ø 5–10 cm · Hut oliv · Poren leuchtend gelb · Stiel ohne Netz

Ähnlich dem Maronen-Röhrling, aber mit goldgelben, nicht blauenden Poren. Insgesamt etwas kleiner und dünnfleischiger. Ziemlich weichfleischig, mit starker Neigung zur Schimmelbildung, muss daher schnell verarbeitet werden. Ab Juli in Laub- und Nadelwäldern. Ähnlich ist auch der ebenfalls essbare Rotfuß-Röhrling.

ZUBEREITUNG: Eignet sich in Mischgerichten zum Schmoren und in Soßen. Aufgrund des weichen Fleisches ist schnelles Trocknen (Dörrgerät, Ofen) wichtig.

Birkenpilz Jun–Okt

Ø 5–15 cm · Hut braun · Poren cremegrau · Stiel schwarz schuppig

Birken am Waldrand: Nichts wie hin! Der schmackhafte Birkenpilz wächst hier ebenso wie die Rotkappe (s. S. 33). Am dunkel beschuppten Stiel und dem kaum verfärbenden Fleisch eindeutig erkennbar. Ab Juni auf Sandboden, stets unter Birken. Zu alte Pilze erkennt man daran, dass bei Druck auf den Hut eine Delle zurückbleibt.

ZUBEREITUNG: Jung festfleischig und für alle Gerichte verwendbar. Ältere am besten in Mischung mit anderen Pilzen. Kann eingefroren oder zügig getrocknet werden.

Rotkappe Jun–Okt

Ø 8–20 cm · Hut ziegelrot · Fleisch violettschwarz verfärbend

Läuft beim Anschneiden nach und nach düster violettschwarz an, ist aber dennoch ein guter Speisepilz. Je nach Standort unterscheidet man verschiedene Arten, die für die Küche alle gleich geeignet sind. Ab Juni unter Birken, Espen und anderen Laubbäumen, meist auf sandigen, sauren Böden, vor allem in Nord- und Ostdeutschland.

ZUBEREITUNG: Festfleischig und sehr ergiebig. Geeignet zum Braten oder Dünsten, auch als Reingericht. Wird beim Trocknen allerdings völlig schwarz. Roh giftig!

Gold-Röhrling Jul–Nov

Ø 8–20 cm · ganzer Pilz orangegelb · stets bei Lärchen

Der schleimige Hut steht uns bei feuchtem Wetter unappetitlich gegenüber. Doch der Gold-Röhrling ist ein gern gesammelter Speisepilz. Seine goldgelbe Farbe macht ihn unverwechselbar. Die schleimige Huthaut lässt sich meist gut abziehen, was man bereits im Wald tun sollte. Ab Juli, ausschließlich unter Lärchen, häufig.

ZUBEREITUNG: Guter Mischpilz, im Reingericht etwas fade. Eignet sich vor allem zum Schmoren, da er viel Wasser enthält. Daher nur bedingt zum Trocknen geeignet.

SAMMELTIPP

Die schleimige, zähe Huthaut muss abgezogen werden. Am besten gleich draußen im Wald, um das Sammelgut nicht unnötig zu verschmutzen.

Butterpilz Jul–Okt

Ø 5–15 cm · Hut braun · schleimig · Stiel mit Ring · bei Kiefern

Unterscheidet sich vom Gold-Röhrling (links) durch den braunen Hut, blassere Röhren und einen bräunlichen Ring am Stiel. Ansonsten gilt für beide Arten dasselbe, auch was Hutschleim und Zubereitung betrifft. Kommt ab Juli ausschließlich unter Kiefern vor, auf sauren Sandböden, regional massenhaft.

ZUBEREITUNG: Schmackhafter, nicht sehr intensiv schmeckender Mischpilz, zum Schmoren oder Braten. Wird trotz des wässrigen Fleisches gern getrocknet.

Kuhmaul Jul–Okt

Ø 8–20 cm • Stielbasis chromgelb • Lamellen herablaufend

Wenig bekannt, aber sehr wohlschmeckend. Am braunen, stark schleimigen Hut, den hell- bis schwarzgrauen, am Stiel herablaufenden Lamellen und einer innen wie außen chromgelben Stielbasis völlig problemlos erkennbar. Das Kuhmaul wächst gern bei Steinpilzen und wird von den meisten Sammlern stehen gelassen. Ab Juli auf sauren Böden, meist unter Fichten.

ZUBEREITUNG: Mischpilz, zum Schmoren geeignet. Das weiche Fleisch ist schwer zu trocknen. Huthaut abziehen.

SAMMELTIPP

Seine Stiele sind zäh und finden deshalb in der Küche keine Verwendung. Daher besser von vornherein nur die Hüte ernten.

Samtfuß-Rübling Nov–Mrz

Ø 3–6 cm • Hut orange • schmierig • Stiel unten pelzig

Orange leuchtende Pilzbüschel im Winter – das kann doch nur der Samtfuß-Rübling sein. Wenn man zusätzlich auf den typisch dunkel-pelzigen Stiel achtet, ist man auf jeden Fall auf der sicheren Seite. Ab November in frostfreien Perioden des Winters, oft entlang von Bächen an stehenden Weiden, aber auch an Buchenstämmen und anderem stehenden und liegenden Laubholz.

ZUBEREITUNG: Besonders für Pilzsuppe und -soßen, aber auch zum Schmoren geeignet. Kann getrocknet werden.

Parasol, Riesenschirmling Jul–Okt

Ø 20–35 cm • großer, grobschuppiger Hut • schlanker, hoher Stiel

Den kennt (fast) jeder. So große, elegante, wie Schirmchen aussehende Pilze gibt es nur wenige. Um ganz sicher zu sein: Mit dem stabilen, verschiebbaren Ring am Stiel ist es ein Parasol. Der Stiel ist übrigens auffallend dunkel getigert und hat an der Basis eine große Knolle. Ab Juli in lichten Wäldern, an Wegrändern und Straßenböschungen.

ZUBEREITUNG: Klassisch: Hüte im Ganzen gebraten, paniert mit Ei und Semmelbröseln. Darauf achten, dass sie flach liegen, damit sie überall gut erhitzt werden.

Safran-Riesenschirmling Jul–Nov

Ø 10–20 cm • Hut schuppig • Fleisch verletzt orange verfärbend

Nicht ganz so groß wie der Parasol (links). Neben dem verschiebbaren Ring ist der Safran-Riesenschirmling am typischen Verfärben beim Zerschneiden erkennbar. Hutschuppen stehen dichter, Stiel einfarbig weiß. Ab Juli, meist in der Nadelstreu im Fichtenwald. ☠ In Gärten und auf dem Kompost gibt es eine ähnliche, giftige Art.

ZUBEREITUNG: Auch bei dieser Art werden meist die ganzen Hüte paniert und gebraten. Sie schmecken vielen Sammlern nicht ganz so gut wie die vom Parasol.

Wiesen-Egerling, Wiesen-Champignon Jun–Okt

Ø 5–12 cm • Lamellen erst rosa, dann dunkelbraun • Stiel mit Ring

Keine Angst vor Verwechslung mit Knollenblätterpilzen. Diese haben weiß bleibende Lamellen, während sie bei allen Egerlingen bald rosa, dann schokoladenbraun werden. Ab Juni auf extensiv genutzten Wiesen und Weiden, zu vielen in Kreisen wachsend („Hexenring"). ☠ Die giftigen Karbol-Egerlinge (S. 17) haben eine gelbe Stielbasis.

ZUBEREITUNG: Klassischer Speisepilz, für alle Gerichte und zum Trocknen geeignet. Wird oft roh in Salaten verwendet, doch empfiehlt sich vorheriges Blanchieren.

Schopf-Tintling Jul–Okt

Ø 3–5 cm • Hut höher als breit, im Alter zerfließend

Der Name kommt nicht von ungefähr. Mit zunehmender Reife fängt der Pilz an, sich vom Hutrand her in eine schwarze „Tinte" aufzulösen. Diese wurde früher sogar zum Schreiben verwendet. Charakteristischer walzenförmiger Hut mit angewachsenen Schuppen. Ab Juli an Weg- und Straßenrändern, an nährstoffreichen Stellen.

ZUBEREITUNG: Sehr feines Aroma, geeignet für Suppen und Soßen oder im Mischgericht. Es dürfen nur Pilze ohne jedes Anzeichen von Verfärbung verwendet werden.

Fichten-Reizker Jul–Nov

Ø 4–10 cm • brüchiges Fleisch • bei Anbruch orange milchend

Einfacher geht's nicht: Alle Pilze mit orangefarbener Milch und einem Stiel breiter als 2 mm sind essbar. Zwar sind die 5 bis 6 Arten nicht gleich im Geschmack, aber alle sind sehr beliebt. Ab Juli, unter Fichte, auf basischen Böden. Andere Reizkerarten wachsen unter Kiefer oder Tanne.

ZUBEREITUNG: Reizker eignen sich entweder unzerschnitten zum scharf Anbraten oder nach vorherigem Blanchieren zu sauren Salaten. Zum Einfrieren ungeeignet. Getrocknet nur als Pilzpulver zu verwenden.

Mohrenkopf Jul–Okt

Ø 3–8 cm • dunkler Pilz mit weißen Lamellen • weiß milchend

Kaum jemand kennt diesen Milchling, obwohl er an seiner schwarz-weißen Farbe, der weißen, schwach rosa werdenden Milch und vor allem der gerippten Stielspitze so einfach zu erkennen ist. Leider ist er nur örtlich etwas häufiger. Ab Juli in Bergfichtenwäldern auf sauren Böden.

ZUBEREITUNG: Wie die Reizker nur zum scharf Anbraten geeignet, dann aber mit vorzüglichem Geschmack. Kann als Ausnahme unter den Pilzen auch roh gegessen werden und schmeckt dann nussig mit süßlicher Komponente.

Frauen-Täubling Jun–Okt

Ø 5–12 cm • Hut grün-violett-rosa • Stiel weiß

Splitternde Lamellen und das kreideartig brüchige Stielfleisch sind die wichtigen Kennzeichen aller Täublinge. Nur der Frauen-Täubling macht da mit seinen biegsamen Lamellen eine Ausnahme. Die Hutfarben Grün und Violett können rein oder in Mischung vorkommen. Ab Mai, vor allem unter Buchen, auf sauren Böden.

ZUBEREITUNG: Schmeckt nussig und eignet sich gut zum Schmoren und Braten, weniger zum Dünsten oder als Suppe. Kann getrocknet oder eingefroren werden.

SCHON GEWUSST?

Austern-Seitlingen machen Frostperioden nichts aus, sie überstehen sie schadlos. Andere Pilze nach Frösten nicht mehr sammeln.

Austern-Seitling Nov–Mrz

Ø 5–12 cm • kurzer, seitlicher Stiel • büschelig an Holz

Mit der Leiter zum Pilzesammeln? Wer Austern-Seitlinge ernten will, muss leider oft hoch hinauf auf Buchen klettern. Im Gegensatz zu den Zuchtpilzen im Laden, sind die wild wachsenden Pilze meist graublau. Ab November, vor allem an Buchenstämmen, seltener an anderen Laubbäumen oder Fichten. Können bisweilen im Sommer wachsen.

ZUBEREITUNG: Sehr schmackhaft und universell einsetzbar. Allerdings ist der Stielansatz zäh, daher nur die Hüte verwenden. Kann roh oder gekocht eingefroren werden.

SCHON GEWUSST?

Pfifferlinge sind zwar lange haltbar, doch sind Handelspilze bis zu 14 Tage unterwegs und daher oft teilweise gesundheitsgefährdend zersetzt.

Pfifferling Jun–Okt

Ø 3–8 cm · Hut gelb · unterseits gegabelte, dicke Leisten

Unser bekanntester Speisepilz ist gleichzeitig auch der beliebteste Marktpilz. Leider kann man ihn nicht züchten. Ab Juni im Laub- oder Nadelwald, meist auf sauren Böden. ☠ Vom Falschen Pfifferling unterscheiden ihn das weiße Fleisch und die dicklichen Leisten statt Lamellen.

ZUBEREITUNG: Der Klassiker in Soße zu Wild und Knödeln, aber genauso geeignet zum Schmoren und Braten. Wird beim Einfrieren oft bitterlich. Getrocknete Pilze besser pulverisieren, da sie beim Aufquellen zäh bleiben.

Trompeten-Pfifferling Aug–Nov

Ø 2–5 cm • Hut graubraun • unterseits gegabelte, dicke Leisten

Der kleine Bruder vom Pfifferling: Obwohl häufig, ist er den meisten Pilzsammlern unbekannt. Kennzeichen sind der gelb- bis schwarzbraune, trichterförmige Hut und die unterseits graubraunen Leisten. Er ist hohl wie eine Trompete. Ab August in sauren Nadelwäldern.

ZUBEREITUNG: Kann zum Schmoren und Braten ebenso verwendet werden wie in Suppen oder Soßen. Schmeckt vorzüglich im (Graupen-) Risotto. Für das Einfrieren und Trocknen gilt dasselbe wie beim Pfifferling (links).

ZUBEREITUNGSTIPP

Herbst-Trompeten als Füllung im Cordon Bleu: Zwiebel mit 500 g frischen Pilzen klein schneiden und in Butter dünsten, gehackte Petersilie dazu, würzen.

Herbst-Trompete Aug–Nov

Ø 3–6 cm • Fruchtkörper tütenförmig • dunkel- bis schwarzgrau

In Frankreich begehrter Marktpilz, bei uns wenig bekannt, vielleicht weil er etwas unappetitlich aussieht. Die büschelig gedrängten dunklen Fruchtkörper sind im Buchenlaub nur schwer auszumachen. Hat man aber einen entdeckt, findet man meist große Mengen. Ab August im Buchenwald auf neutralen Böden.

ZUBEREITUNG: Als Mischpilz zum Schmoren, in Suppen oder Soßen, weniger als Sologericht. Vor allem getrocknet als Würze wegen des intensiven Aromas hochgeschätzt.

Schweinsohr Jul–Okt

Ø 4–8 cm • kreiselförmig • jung intensiv violett • dickfleischig

Nur für Bergbewohner: Das Schweinsohr ist außerhalb des Alpenvorlands so selten geworden, dass man es nur im weiteren Alpenraum sammeln sollte. Dort wächst der auffallend violette Pilz noch in großen Ringen und Reihen. Ab Juli im Nadelwald unter Fichten, auf Kalkböden. Unverwechselbar, auch wenn sich ältere Pilze ocker entfärben.

ZUBEREITUNG: Schmackhafter Speisepilz für alle Zubereitungsarten, im Mischgericht oder allein. Eignet sich zum Trocknen und kann auch eingefroren werden.

Habichtspilz Aug–Nov

Ø 8–20 cm • Hut mit Schuppen, unterseits mit Stacheln

Die abstehenden Hutschuppen erinnern an das Gefieder eines Habichts. Sie sind ein wichtiges Merkmal gegenüber den wenigen, sehr seltenen bitteren Doppelgängern mit glattem Hut. Ab August unter Fichten, in großen Ringen und Reihen, regional selten und dann zu schonen.

ZUBEREITUNG: Reiner Würzpilz mit sehr kräftigem Aroma. Eignet sich nur in geringer Beimischung zu Pilzgemüse, ist aber ideal als Pilzpulver zum Verfeinern und Abbinden von Suppen und Soßen. Nur junge Pilze verwenden.

SAMMELTIPP

Lassen sich die Zähnchen auf der Unterseite leicht ablösen, ist der Pilz schon älter. Eine Kostprobe verrät, ob er schon bitter geworden ist.

Semmel-Stoppelpilz Jul–Nov

Ø 5–12 cm • orange- bis ockergelb, unterseits mit Zähnchen

Es kann nur einen geben: Mit Stacheln unter dem Hut und dazu mit ocker- bis orangegelber Farbe ist es immer ein Semmel-Stoppelpilz. Das feste weiße Fleisch gilbt nach dem Anschneiden. Ab Juli in Laub- und Nadelwäldern, besonders auf Kalkboden, oft in Kreisen wachsend.

ZUBEREITUNG: Eignet sich jung als Einzelgericht, ansonsten mit anderen Arten gemischt, zum Schmoren oder Braten. Kann getrocknet werden. Eingefroren bisweilen etwas bitter werdend, Gleiches gilt für zu alte Exemplare.

ZUBEREITUNGSTIPP

Zum Säubern den Pilz in Scheiben schneiden und mit scharfem Strahl abbrausen. Das Aroma geht dennoch nicht verloren.

Krause Glucke Jul–Nov

Ø 20–40 cm • große, blumenkohlähnliche Fruchtkörper

Ein Badeschwamm mitten im Wald? Das kann nur die Krause Glucke sein, auch „Fette Henne" genannt. Unverwechselbar durch die gewellten Äste mit umgebogenen Rändern und die imposante Größe. Einziger Nachteil: Die Krause Glucke ist leider immer stark verschmutzt. Ab Juli auf Sandböden, am Fuße von Kiefern.

ZUBEREITUNG: Braten oder dünsten, aber auch sauer zubereitet wie Kuddeln. Wegen des intensiven, arteigenen Aromas beliebt. Zum Trocknen und Einfrieren geeignet.

Judasohr Jan–Dez

Ø 3–6 cm · dunkelviolettbraun · ohrförmig, an Holz

In chinesischen Restaurants wird es „Chinesische Morchel“ genannt. Dabei hat dieser lustig geformte Gallertpilz mit den echten Morcheln überhaupt nichts gemein. In feuchten Zeiten, vor allem im Winterhalbjahr, auf totem Holunderholz oder an dicken Buchenästen. Bei Trockenheit schrumpft er zu einem fast unsichtbaren Belag.

ZUBEREITUNG: Wegen der Konsistenz ist das Judasohr eine beliebte Beimischung in fernöstlichen Gerichten. Es hat aber so gut wie keinen Eigengeschmack.

Speise-Morchel Apr–Mai

Ø 5–10 cm · Hut rundlich, hohl, wabenartig

Der ockergelbe oder graubraune wabenartige Hut ist zwar sehr charakteristisch, im trockenen Laub des Vorjahres aber nur schwer zu entdecken. Daher gilt die Morcheljagd zurecht als anspruchsvoll. Ab Ende April in Bachauen unter Eschen, auf Kalkböden, auch unter Birnbäumen.

ZUBEREITUNG: Morcheln gehören zu den besten Speisepilzen. Klassisch in Rahmsoße zu Nudeln. Sehr beliebt sind auch geschmorte oder im Ofen überbackene Morcheln (vgl. Spitz-Morchel rechts).

SAMMELTIPP

Im Herbst frisch gemulchte Beete und Anlagen können manchmal in Kalkgebieten Morcheln im Frühjahr versprechen.

Spitz-Morchel Mrz–Mai

Ø 3–8 cm • Hut wabenförmig, zuspitzend, hohl

Von der Speise-Morchel durch grauen zuspitzenden Hut unterscheidbar, sonst ebenso hohl und mit weißlichem Stiel. Ab Ende März in Nadelwäldern, in Rindenmulch und auf Brandstellen. ☠ Morchel-Hüte sind wabig im Gegensatz zu hirnartigen Hüten der Gift-Lorcheln (S. 15).

ZUBEREITUNG: Wie die Speise-Morchel. In den hohlen Pilzen befinden sich oft Schmutz und Insekten. Daher immer durchschneiden, auch wenn man sie füllen will. Gut geeignet zum Trocknen und werden so teuer gehandelt.

Riesenbovist Aug–Okt

Ø 25–60 cm • große, weiße, schaumstoffartige Fruchtkörper

Wie ein weißer Medizinball liegt der Riesenbovist in der Wiese. Sehr kleine Pilze können mit anderen Bovisten verwechselt werden. Da aber alle Boviste essbar sind, wenn sie innen weiß und zusammendrückbar sind, wäre das ungefährlich. Alt werden sie braun und staubig. Ab Juli in gedüngten Wiesen, in Hecken und an Waldrändern.

ZUBEREITUNG: In Scheiben geschnitten und in Ei gewendet oder paniert in der Pfanne gebraten. Für alles andere sind Boviste ungeeignet. Nicht einfrieren oder trocknen.

ZUBEREITUNGSTIPP

Die feinen Stacheln einfach mit einem Tuch abreiben. Wen weiße Krümel im Essen nicht stören, kann sich diese Arbeit sparen.

Flaschen-Stäubling Mai–Nov

Ø 2–5 cm • keulige Fruchtkörper, mit abwischbaren Schuppen

Hier scheiden sich die Geister: Die einen mögen ihn, die anderen nicht. Die reinweißen Fruchtkörper in umgekehrter Birnenform und die abwischbaren eckigen Stacheln unterscheiden Flaschen-Stäublinge von ähnlichen, ebenfalls essbaren Stäublingen. Während der ganzen Pilzsaison, in allen Waldtypen, häufig.

ZUBEREITUNG: Wie alle Stäublinge und Boviste nur gebraten lecker und dann Geschmackssache. Die Scheiben saugen allerdings wie Auberginen viel Fett auf.

Nützliche Adressen

Naturschutzbund Deutschland (NABU) e. V.
NABU-Bundesgeschäftsstelle
Charitéstraße 3, D-10117 Berlin
www.NABU.de

Deutsche Gesellschaft für Mykologie e. V.
Anschrift des Präsidiums (Geschäftsführung):
Dr. Christoph Hahn (Präsident)
Grottenstraße 17, D-82291 Mammendorf
www.dgfm-ev.de

Giftnotrufzentralen

Berlin: Giftnotruf der Charité
Tel.: 030-19 240, www.giftnotruf.de

Bonn: Informationszentrale gegen Vergiftungen
Tel.: 0228-19 240, www.giftzentrale-bonn.de

Erfurt: Gemeinsames Giftinformationszentrum
Tel.: 0361-73 07 30, www.ggiz-erfurt.de

Freiburg: Vergiftungs-Informations-Zentrale
Tel.: 0761-19 240, www.giftberatung.de

Göttingen: Giftinformationszentrum-Nord
Tel.: 0551-19 240, www.giz-nord.de

Homburg/Saar: Informations- und Behandlungszentrum für Vergiftungen, Tel.: 06841-19 240, www.uniklinikum-saarland.de/giftzentrale

Mainz: Giftinformationszentrum Rheinland-Pfalz und Hessen
Tel.: 06131-19 240, www.giftinfo.uni-mainz.de

München: Giftnotruf München
Tel.: 089-19 240, http://www.toxinfo.org

Nürnberg: Giftinformationszentrale
Tel.: 09 11-39 8-2 45 1

Wien: Vergiftungsinformationszentrale Wien
Notruf-Tel.: 01 406 43 43, Tel.: 01 406 68 98
www.meduniwien.ac.at/viz/

Zürich: Schweizerisches Toxikologisches Informationszentrum (STIZ), Tel.: 044 251 51 51, Notruf-Nr. nur für die Schweiz: 145, Tel.: 044 251 66 66, www.toxi.ch

Zum Weiterlesen

Dreyer, E.-M, Dreyer, W. (2008): Wildkräuter, Beeren und Pilze. Erkennen, sammeln und genießen. 101 Arten, 177 Abbildungen, 119 Rezepte, 176 Seiten, KOSMOS.

Gminder, A. (2008): Handbuch für Pilzsammler. Mit ausgewählten Rezepten zu den beliebtesten Speisepilzen. 340 Arten, 699 Abbildungen, 400 Seiten, KOSMOS.

Gminder, A., Böhning, T. (2007): Welcher Pilz ist das? Über 450 Arten, über 1200 Abbildungen, 320 Seiten, KOSMOS.

Hess, R. (2011): Pilze und Waldbeeren. Regionale Produkte – kochen und genießen mit gutem Gewissen. 144 Seiten, KOSMOS.

Laux, H. E. (2012): Essbare Pilze und ihre giftigen Doppelgänger. 175 Arten, 192 Seiten, KOSMOS.

Oftring, B. (2011): Ab in den Wald! 88 mal den Wald entdecken und erleben. 96 Seiten, KOSMOS

Oftring, B. (2010): Nix wie raus! 111 mal Natur entdecken und erleben. 96 Seiten, KOSMOS

Thiel, K. (2012): Gartenkinder. Pflanzen, lachen, selber machen. 250 Abbildungen, 160 Seiten, KOSMOS.

Register

Die fett gedruckten Ziffern geben die Porträtseiten der essbaren Pilze an, alle anderen verweisen auf weitere Textstellen und Bilder.

Umschlaggestaltung von Walter Typografie & Grafik GmbH. Die Umschlagvorderseite zeigt Fichten-Steinpilze (Foto von Hans Reinhard), die Umschlagrückseite zeigt einen Jungen mit einem Fichten-Steinpilz (Foto von Acik/fotolia.com).

Mit 108 Farbfotos: 4 von T. Böhning (S. 1: 1. Z. re., 28, 44, 64: 2. Z. li.); 62 von A. Bollmann (U2: 1. Z. li., 2. Z. li., 1. Z. re, 3. Z re., S. 1: 1. Z. li., 2. Z. li., 3. Z. li., 4. Z. li., 2. Z. re., 3. Z. re., 4. Z. re., 13, 14 u. li., 14 u. re., 15 o. li., 15 o. re., 15 Mitte li., 15 Mitte re., 15 u. re., 16 o. li., 16 Mitte re., 16 u. li., 16 u. re, 17 o. li., 17 o. re., 17 Mitte re., 17 u. li., 29, 30, 32, 35, 36, 37, 38, 39, 40, 43, 45, 46, 47, 48, 49, 50, 51, 52, 53, 54, 55, 56, 57, 64: 3. Z. li., 1. Z. re., 2. Z. re., 5. Z. re., U3: 1. Z. li., 2. Z. li., 3. Z. li., 4. Z. li., 5. Z. li., 2. Z. re., 3. Z. re., 4. Z. re.); 14 von fotolia.com: 1 von awfoto (S. 19), 1 von I. Bartussek (S. 6), 1 von Benicce (S. 10 u.), 1 von A. v. Dueren (S. 18), 1 von Ints (S. 2/3), 1 von lassedesignen (S. 8), 1 von A. Lehmkuhl (S. 12), 1 von Minad (S. 10 o. li.), 3 von petrabarz (4, 33, S. 64: 4. Z. li.), 1 von Petrovic (S. 10 o. re.), 1 von S. Schnepf (S. 11 li.) und 1 von M. Simon (S. 23); 1 von H. E. Laux (17 u. re.); 9 von A. Gminder (U2: 2. Z. re., 14 o. li., 15 u. li., 16 o. re, 16 Mitte li.,17 Mitte li., 31, 42, 64: 4. Z. re.); 1 von J. Maly/naturfoto.cz; 2 von G. Müller (41, 64: 3. Z. re.); 1 von T. Pruss (S. 14 o. re.); 4 von H. Reinhard (7, 9 o., 25, 26/27); 2 von K.-H. Schmitz (34, 64: 5. Z. li.) und 8 von A. Walter (11 re., 20, 21 re., 21 li., 22, 24, 58, 60/61).
Mit Illustrationen von VectorStock, Artspace (S. 8, 13, 24, 58, 59).

FSC
www.fsc.org
MIX
Papier aus verantwortungsvollen Quellen
FSC® C015829

Wichtige Hinweise: Auch die ausführliche Diagnose mit einem Pilzbuch kann die umfassende Erfahrung nicht ersetzen, die ein Pilzsammler erst im Laufe der Zeit erwirbt. Lassen Sie deshalb selbst bestimmte Pilze vorsichtshalber von einem Pilzberater nachbestimmen. Im Zweifelsfall sollten Sie die fragliche Art nicht verwenden. Verlag und Autor tragen keinerlei Verantwortung für Fehlbestimmungen durch den Leser dieses Buches und für individuelle Unverträglichkeiten. Allgemein gilt: Pilze nie roh essen! Sofern nicht anders angegeben, schließt der Hinweis „essbar" stets ein, dass der Pilz zuvor durch Braten, Kochen etc. eine Hitzebehandlung erfuhr. Alle Angaben im Buch erfolgen nach bestem Wissen und Gewissen. Sorgfalt bei der Umsetzung ist indes geboten. Verlag und Autor übernehmen keine Haftung für Personen-, Sach- oder Vermögensschäden, die aus der Anwendung der vorgestellten Materialien und Methoden entstehen können. Dabei müssen rechtliche Bestimmungen und Vorschriften berücksichtigt und eingehalten werden.

ISBN 978-3-440-13351-4
Redaktion: Stefanie Tommes
Gestaltung und Satz: Walter Typografie & Grafik GmbH
Produktion: Markus Schärtlein
Printed in Italy / Imprimé en Italie

Haupt-
sammelzeit im Herbst

Jun–Nov
S. 28

Fichten-Steinpilz

Jul–Nov
S. 30

Maronen-Röhrling

Jun–Okt
S. 33

Rotkappe

Jul–Nov
S. 34

Gold-Röhrling

Jul–Okt
S. 35

Butterpilz

Jul–Okt
S. 36

Kuhmaul

Jul–Okt
S. 41

Schopf-Tintling

Jul–Nov
S. 42

Fichten-Reizker

Aug–Nov
S. 47

Trompeten-Pfifferling

Jul–Okt
S. 38

Parasol, Riesenschirmling

Jun–Okt
S. 44

Frauen-Täubling

Jul–Nov
S. 39

Safran-Riesenschirmling

Jun–Okt
S. 46

Pfifferling

Jun–Okt
S. 40

Wiesen-Egerling

Jul–Okt
S. 49

Schweinsohr

Jul–Okt
S. 43

Mohrenkopf

Mai–Nov
S. 57

Flaschen-Stäubling